BEI GRIN MACHT SICH IHR WISSEN BEZAHLT

- Wir veröffentlichen Ihre Hausarbeit, Bachelor- und Masterarbeit

- Ihr eigenes eBook und Buch - weltweit in allen wichtigen Shops

- Verdienen Sie an jedem Verkauf

Jetzt bei www.GRIN.com hochladen und kostenlos publizieren

Kai Pohl

CO2-Emissionen im Kontext der E-Mobilität

GRIN Verlag

Bibliografische Information der Deutschen Nationalbibliothek:

Die Deutsche Bibliothek verzeichnet diese Publikation in der Deutschen National-
bibliografie; detaillierte bibliografische Daten sind im Internet über http://dnb.d-
nb.de/ abrufbar.

Impressum:

Copyright © 2011 GRIN Verlag GmbH
Druck und Bindung: Books on Demand GmbH, Norderstedt Germany
ISBN: 978-3-656-45706-0

Dieses Buch bei GRIN:

http://www.grin.com/de/e-book/229850/co2-emissionen-im-kontext-der-e-mobilitaet

GRIN - Your knowledge has value

Der GRIN Verlag publiziert seit 1998 wissenschaftliche Arbeiten von Studenten, Hochschullehrern und anderen Akademikern als eBook und gedrucktes Buch. Die Verlagswebsite www.grin.com ist die ideale Plattform zur Veröffentlichung von Hausarbeiten, Abschlussarbeiten, wissenschaftlichen Aufsätzen, Dissertationen und Fachbüchern.

Besuchen Sie uns im Internet:

http://www.grin.com/

http://www.facebook.com/grincom

http://www.twitter.com/grin_com

CO_2-Emissionen im Kontext der E-Mobilität

Angefertigt im Modul: Wissenschaft trägt Verantwortung (WS 2010/ 2011)

Seminar: Energie, Informatik & Nachhaltigkeit

Vorgelegt von:

Name, Vorname: Pohl, Kai

Abgabetermin: 18. März 2011

Inhaltsverzeichnis

1. Einleitung

Basierend auf dem gewählten Seminarthema werde ich in dieser Ausarbeitung lediglich auf das Thema CO_2-Emissionen im Bereich Autoverkehr sowie E-Mobilität und hauptsächlich auf die Technik der E-Mobile eingehen.

1.1 Motivation

Das Kohlenstoffdioxid (Als Summenformel und umgangssprachlich CO_2 genannt) ist eines der bedeuteten Klimagase der Welt und war im Jahre 2008 zu ca. 88% an den Treibhausgas-Emissionen beteiligt. Dieses Gas benötigt ca. 120 Jahre, um in der Atmosphäre der Erde abgebaut zu werden.[1] Da es ein weltweites Ziel ist etwas gegen die globale Erderwärmung, dem Klimawandel, zu unternehmen, ist es demnach eine logische Schlussfolgerung den Ausstoß von Co_2-Emissionen zu verringern. Hinsichtlich dieser Erkenntnis ist es der Menschheit mittlerweile gelungen den CO_2-Ausstoß kontinuierlich zu mindern. Den Aufzeichnungen zu folge ist der im Moment größte Rückgang den verarbeitenden Gewerben und den Haushalten bzw. Kleinverbrauchern zu zuschreiben. Im Bereich des Verkehrs hingegen stiegen diese Werte weiter an.[2] In der folgenden Statistik vom Umweltbundesamt sind gruppiert die Emissionen von CO_2 von 1990 bis 2007 gut dargestellt:

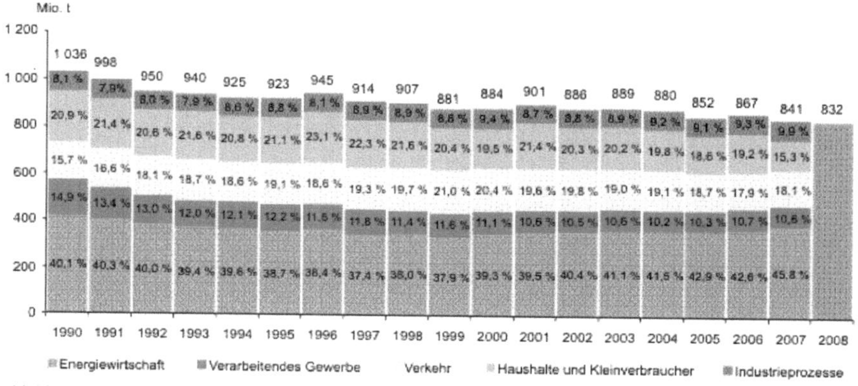

Abbildung 1

---

[1] Vgl. http://www.umweltbundesamt-daten-zur-umwelt.de/umweltdaten/public/theme.do?nodeIdent=2842 (letzter Zugriff: 20.01.2011).
[2] Vgl. Ebd.

1.2 Ziel

Ein Teil der allgemeinen Problemlösung ist es, den CO_2-Austoss und den Verbrauch von fossilen Brennstoffen der Fahrzeuge im Straßenverkehr zu minimieren bzw. komplett zu reduzieren. Das angestrebte Ziel ist es alltagtaugliche und langlebige Elektro-Mobile einzuführen, welche auch den Strom aus CO_2 freien bzw. armen Energieerzeugnissen beziehen.

2. Stand der Technik/des Wissens

In der heutigen Straßenverkehrssituation dominieren die beiden bekanntesten Motorarten; Der Diesel- und Ottomotor. Beide Motoren benötigen fossile Brennstoffe wie Benzin und Diesel als Kraftstoff. Die allgemeinen großen Unterschiede zwischen diesen beiden Techniken bestehen vor allem in ihrem Verbrauch und dem CO_2-Austoss. Bei fast gleicher Hubraumleistung und Motorbauart (z.B. 4-Zylinder) erzielt ein Dieselmotor wesentlich geringere Verbrauchswerte (l/100km) und kombinierte CO_2-Emissionen (g/km). Hier diente mir ein Vergleich zwischen einem 2.0l TDI und einem 2.0TSI Motor von VW für das gleiche Automobil.[34] Trotz dieser Vorteile sind mehr Benzinmotoren als Dieselmotoren vertreten, da diese im Allgemeinen einen geringeren Anschaffungspreis, günstigere Versteuerung und Versicherung bieten und sich ein Diesel-PKW erst bei einer höheren jährlichen Fahrleistung rentiert (Ein geschätzter Richtwert hierfür sind ca. 30.000km pro Jahr).

Elektro-Mobile werden je nach Art der Energiebereitstellung für den Motor unterschieden. Als zukunftsorientierte Varianten haben sich Brennstoffzellen- und Batterie-Elektrofahrzeuge hervorgehoben.[5]

Bei den batteriebetriebenen E-Mobilen besteht der Antriebsstrang im Wesentlichen aus dem Elektromotor, dem Steuergerät und dem Energiespeicher. Da durch diese Antriebstechnik

---

[3] Vgl.
http://www.volkswagen.de/de/models/scirocco/trimlevel_overview.s9_trimlevel_detail.suffix.html/der_sciroc
co~2Fsport.html#/tab=be162bc3a521ead166026d6dd5d1e028|trimlevel=3354173d6e8ebb182550eb30edb58f
7d (letzter Zugriff: 10.02.2011).
[4] Vgl.
http://www.volkswagen.de/de/models/scirocco/trimlevel_overview.s9_trimlevel_detail.suffix.html/der_sciroc
co~2Fsport.html#/tab=be162bc3a521ead166026d6dd5d1e028|trimlevel=39bc355f920e7cb2d3c461e611e7e0f
1 (letzter Zugriff: 10.02.2011).
[5] Vgl. Bristela, Marie-Theres: Stand der Technik bei der Elektromobilität. Analyse der Herausforderungen anhand ausgewählter Entwicklungs- und Pilotprojekte unter verschiedenen politischen Rahmenbedingungen und Kooperationspartnern. Wien 2010. S.20.

der normale Verbrennungsmotor entfällt, muss eine zusätzliche Heizung eingebaut werden, da die abgehende Wärme des Elektromotors und Steuerelektronik unzureichend für die vollständige Erwärmung des Innenraums ist. Werden Elektromotoren als Radnabenmotoren genutzt, das heißt ein Elektromotor an jedem Rad des Wagens, so entfällt sogar das regulär nötige Differenzialgetriebe. Diese Antriebskonstellation wird derzeit als die Dominierende gesehen.[6] Der momentane Nachteil bei dieser Art von Elektroauto besteht in der wesentlich geringer realisierbaren Reichweite bei gleicher Speichergröße im Vergleich mit Benzin und Diesel. Dieses liegt an der geringeren Energiedichte einer Batterie.[7] Vorteile hingegen sind die überschaubaren Kosten, die technischen Gegebenheiten und Lebensdauer. Zurzeit sind 100 Kilometer Reichweite und eine Lebensdauer von ca. 10 Jahren, beziehungsweise. ca. 10.000 Aufladungen/80.000 Kilometer Gesamtentfernung realistisch.[8]

Die brennstoffzellenbetriebenen E-Mobile hingegen nutzen chemische Vorgangsweisen zur Energiegewinnung, die einer umgekehrten Wasserelektrolyse entsprechen. Bei Brennstoffzellen wird die chemische Energie direkt in elektrische Energie umgewandelt, somit entsteht keine zusätzliche Umwandlung in Kraft und Wärme. Die erzeugte Energie wird in einem Energiespeicher gelagert und so an den Elektromotor weitergegeben. Bei diesem chemischen Vorgang reagiert Wasserstoff mit Sauerstoff, wodurch durch Abgabe von Energie Wasser entsteht. Die Zufuhr von Sauerstoff ist einfach zu lösen, da dieser problemlos der Umgebung entnommen werden kann. Für den benötigten Wasserstoff gibt es zwei Varianten, entweder ein separater Wasserstofftank oder eine sogenannter „Onboard-Reformer", welcher aus Erdgas und Methanol direkt Wasserstoff herstellt.[9] Bei dem Vergleich von Brennstoffzellen mit anderen Antrieben, stellen sich einige Vorteile heraus. Diese wäre zum einem die höhere Reichweite von ca. 450 Kilometern, die nahezu unbegrenzte Verfügbarkeit von Wasser zur Herstellung von Wasserstoff und die gute Fahrleistung mit der Kopplung einer E-Maschine. Die Nachteile von Brennstoffzellen sind die hohen Kosten, eine geringe Lebensdauer von ca. 2.000 bis 3.0000 Betriebsstunden, sowie

---

[6] Vgl. Ebd., S.21.
[7] Vgl. Forschungsstelle für Energiewirtschaft e.V., Tobias Blank: Elektrostraßenfahrzeuge. Elektrizitätswirtschaftliche Einbindung von Elektrostraßenfahrzeugen. München 2007. S.16.
[8] Vgl. Ebd., S.18.
[9] Vgl. Bristela 2010, S.21.

das Problem der noch fehlenden Infrastruktur der Wasserstoffversorgung und des hohen primären Energieaufwand der Wassererzeugung.[10]

3. Methode

Der CO_2-Austoss im Verkehr kann durch die Serieneinführung der Autohersteller von Elektromobilen, sobald die Techniken effizient genug und alltagstauglich sind, drastisch reduziert und somit auch die Treibhausgas-Emissionen verringert werden.

Ein weiterer wichtiger Faktor, der mit der Reduzierung von CO_2-Emissionen im Straßenverkehr zu tun hat, ist die Wahl der Stromerzeugung, womit die E-Mobile angetrieben werden. Neben der Energiegewinnung durch Kernkraftwerke, wird der meiste Strom in Deutschland durch Stein- und Braunkohle gewonnen.[11] Diese beiden Energieträger verursachen einen sehr hohen CO_2-Ausstoss bei der Stromerzeugung. Wodurch hingegen die Stromherstellung aus erneuerbaren Energien, wie zum Beispiel Solar-, Wasser- oder Windkraft sehr gering ausfällt.[12] Folgend eine Aufteilung der verschiedenen Energieträger zur Stromerzeugung in Deutschland im Jahre 2007 von dem statistischen Bundesamt:

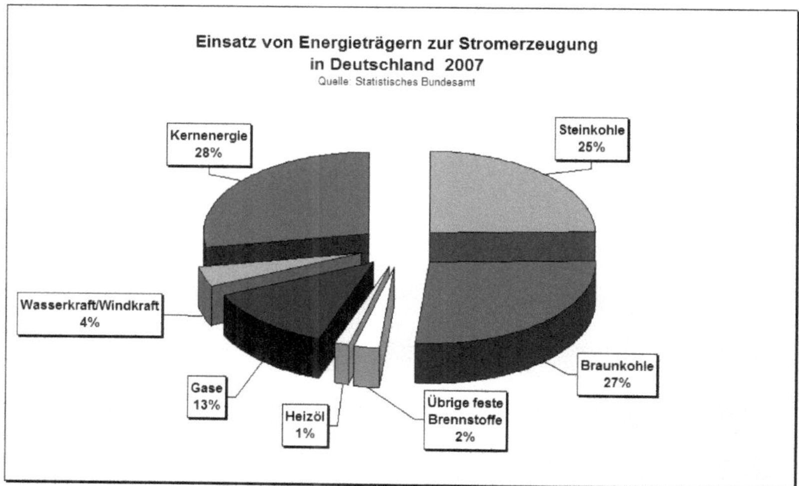

Abbildung 2

---

[10] Vgl. Ebd., S.22.

[11] Vgl. http://energieberatung-reps.de/images/Anteil_Energietraeger_zur_Stromerzeugung_2007.png (letzter Zugriff: 20.01.2011).

[12] Vgl. http://www.unendlich-viel-energie.de/de/verkehr/detailansicht/article/127/co2-emissionen-von-elektroautos-im-vergleich.html (letzter Zugriff: 18.01.2011).

4. Implementierung

Durch die Einführung von elektronischen Personenkraftwagen wird nicht nur die Abhängigkeit von fossilen Energieträgern verringert, sondern werden lokale wie auch globale Emissionen reduziert. Damit ist nicht nur allein der CO_2-Ausstoss gemeint, sondern auch regionale Umweltauswirkungen, wie zum Beispiel die Versäuerung, durch abgegebene Stoffe wie SO_2 (Schwefeldioxid) oder NO_X (nitrose Gase/Stickstoffoxide), erhöhte Ozonwerte und Feinstaubablagerungen, die unter anderem auch von den Bremsbelegen abgegeben werden und bei regelmäßiger Aussetzung zu Atemwegserkrankungen führen können. Eine weitere positive Auswirkung ist die Reduzierung der Lärmemissionen, welche durch Benzin- und Dieselmotoren und deren Abgasanlagen entstehen, da elektronische Motoren einen wesentlich geringeren Geräuschpegel haben. So sind derzeit nämlich ca. 50% der Bevölkerung dem Verkehrslärm ab 55 dB(A) ausgesetzt und damit in ihrem persönlichen Wohlempfinden gestört, 15% sogar höher als 65 dB(A), wodurch ein erhöhtes Risiko auf Herzkreislauferkrankungen besteht.[13]

Um auch die Auflademöglichkeiten für die Energiespeicher der E-Mobile zu gewährleisten, müssen flächenabdeckend Ladestationen installiert werden, womit die Elektroautos mit Strom versorgt werden können. Diese Vorrichtungen müssen beispielsweise an Parkplätzen in Stadtzentren, beim Arbeitsplatz und Tankstellen integriert werden. (Dieses Unterthema der E-Mobility wird separat in einer anderen Ausarbeitung vorgestellt.)

5. Metrik

Wird die vorgestellte Lösung zur Reduzierung von CO2-Emissionen, vor allem im Bereich des Verkehrs, mit unserer derzeitigen Problematik und der angestrebten CO2-Reduzierung „[...]bis 2020 um 20 Prozent gegenüber dem Niveau von 1990[...]"[14] (Ziel wurde von den Mitgliedsstaaten vom EU-Ratsvorsitz beschlossen) verglichen, so ist die Implementierung der E-Mobility ein vielversprechender und richtiger Ansatz.[15]

---

[13] Vgl. VDE Verband der Elektrotechnik Elektronik Informationstechnik e.V.: VDE-Studie. Elektrofahrzeuge. Bedeutung, Stand der Technik, Handlungsbedarf. Frankfurt am Main 2010. S.8, S.80.
[14] VDE Verband der Elektrotechnik Elektronik Informationstechnik e.V.: VDE-Analyse. Smart Energy 2020. vom Smart Metering zum Smart Grid. Frankfurt am Main 2010. S.80.
[15] Vgl. Ebd.

Werden Verbrennungsmotoren mit Elektromotoren auch unter der Nutzung von fossiler Stromerzeugung (konventionelle thermische Kraftwerke) und dessen Nutzung verglichen, so erreichen E-Mobile einen bis zur Hälfte reduzierten globalen CO_2-Ausstoss. Bei Nutzung von erneuerbaren Energien kann sogar eine Reduktion von fast 100 Prozent erreicht werden. Eine Möglichkeit, auf das langfristige Ziel der emissionsfreien Mobilität, könnte die Kopplung von Photovoltaik als Energiequelle sein.[16]

Sollte bei einem Elektroauto nun zum Beispiel Energieerzeugnisse aus Steinkohle genommen werden und mit einem neuen CO_2-armen PKW (als Beispiel könnte ein VW Polo BlueMotion mit durchschnittlich 87 Gramm CO_2-Ausstoss pro Kilometer dienen)[17] verglichen werden, so bleiben die E-Autos weiterhin lokal emissionsfrei, bieten aber global keinen Vorteil mehr.[18]

Nachfolgend ist in der abgebildeten Statistik gut der Vergleich zwischen vier Verbrennungsmotoren und der Stromerzeugung aus drei Bereichen unter der Berücksichtigung von lokalen und globalen Emissionen zu sehen. Die Werte an der linken Seite sind als Gramm pro Kilometer zu verstehen.

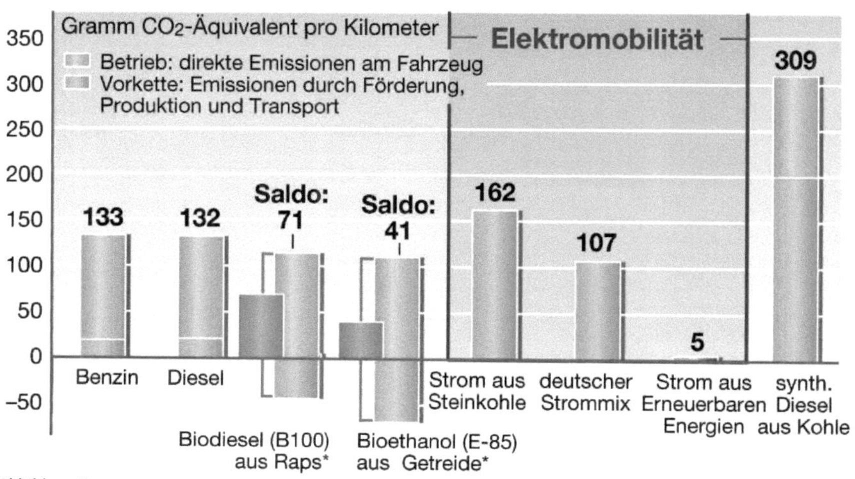

Abbildung 3

---

[16] Vgl. Bristela 2010, S.44.
[17] Vgl.
http://www.volkswagen.de/de/models/polo/trimlevel_overview.s9_trimlevel_detail.suffix.html/der_polo_blue motion~2Fbluemotion.html#/tab=7860f54b77130332cd88762b28e608f4 (letzter Zugriff: 10.02.2011).
[18] Vgl. Bristela 2010, S.26.

Durch die hohe Effizienz der E-Mobilität sind nur relativ geringe Investitionen für eine nachhaltige Energieerzeugung von Nöten. Ein elektronisches Automobil mit einer Fahrleistung von circa 10.000 Kilometer pro Jahr benötigt lediglich 25m^2 Solarzellenflächen als Energieressource. Eine Windkraftanlage mit 2 Megawatt Leistung könnte die zuvor genannte Fahrleistung für 2.500 Fahrzeuge bereitstellen und ein Wasserkraftwerk, wie zum Beispiel das Kraftwerk Freudenau in Österreich, könnte sogar bis zu 350.000 E-Mobile speisen.[19]

6. Zusammenfassung und Ausblick

Zusammenfassend ist demnach zu sagen, dass der Schritt zur E-Mobilität ein wichtiges und realistisches Thema ist, welches für die Nachhaltigkeit und Reduzierung von lokalen und globalen Emissionen eine dementsprechende Rolle spielt. Sobald die E-Mobilität alltagstauglich und ausgereift ist, und die Implementierung flächendeckend und den Ansprüchen bzw. Vorstellungen der Bevölkerung entsprechen, können die CO_2-Emissionen drastisch reduziert werden. Durch dieses nachhaltige Denken und Handeln im Verkehr, sollte diese Vorgangsweise auch in der Stromerzeugung angewandt und mehr in regenerative Energiequellen investiert werden. Denn diese Art der Energiegewinnung ist der Schlüssel zu einer wirklich effizienten und nachhaltigen E-Mobilität.

---

[19] Vgl. Bristela 2010, S.44f.

7. Literaturverzeichnis

Agentur für erneuerbare Energien: CO2-Emissionen von Elektroautos im Vergleich. In: Deutschlands Informationsportal zu Erneuerbaren Energien. (http://www.unendlich-viel-energie.de/de/verkehr/detailansicht/article/127/co2-emissionen-von-elektroautos-im-vergleich.html; 18.01.2011).

B.A.U.M. Consult GmbH, Michael Wedler: Elektromobile Zukunft?. München 2009.

Bristela, Marie-Theres: Stand der Technik bei der Elektromobilität. Analyse der Herausforderungen anhand ausgewählter Entwicklungs- und Pilotprojekte unter verschiedenen politischen Rahmenbedingungen und Kooperationspartnern. Wien 2010.

Eifler, Wolfgang, Prof. Dr.: Impulsvortrag – Entwicklung der Automobilindustrie: Wachstum, Bedeutung und Konsequenzen von Elektrofahrzeugen. In: smm managementberatung GmbH: eCar. Elektromobilität und Infrastruktur der Stadtwerke. Veranstaltung der smm zukunftswerkstatt energy. Düsseldorf 2009. S.5-13.

Forschungsstelle für Energiewirtschaft e.V., Tobias Blank: Elektrostraßenfahrzeuge. Elektrizitätswirtschaftliche Einbindung von Elektrostraßenfahrzeugen. München 2007.

Umweltbundesamt: Klimaänderungen. Treibhauseffekt – Eine globale Herausforderung. In: Umweltbundesamt Für Mensch und Umwelt. (http://www.umweltbundesamt-daten-zur-umwelt.de/umweltdaten/public/theme.do?nodeIdent=2842; 20.01.2011).

VDE Verband der Elektrotechnik Elektronik Informationstechnik e.V.: VDE-Analyse. Smart Energy 2020. vom Smart Metering zum Smart Grid. Frankfurt am Main 2010.

VDE Verband der Elektrotechnik Elektronik Informationstechnik e.V.: VDE-Studie. Elektrofahrzeuge. Bedeutung, Stand der Technik, Handlungsbedarf. Frankfurt am Main 2010.

VOLKSWAGEN AG: Scirocco. Ausstattungsvarianten. Der Scirocco Sport. Technische Daten. In: VW Das Auto. (http://www.volkswagen.de/de/models/scirocco/trimlevel_overview.s9_trimlevel_detail.suffix.html/der_scirocco~2Fsport.html#/tab=be162bc3a521ead166026d6dd5d1e028|trimlevel=3354173d6e8ebb182550eb30edb58f7d; 10.02.2011).

VOLKSWAGEN AG: Scirocco. Ausstattungsvarianten. Der Scirocco Sport. Technische Daten. In: VW Das Auto.

(http://www.volkswagen.de/de/models/scirocco/trimlevel_overview.s9_trimlevel_detail.suf fix.html/der_scirocco~2Fsport.html#/tab=be162bc3a521ead166026d6dd5d1e028|trimlevel =39bc355f920e7cb2d3c461e611e7e0f1; 10.02.2011).

VOLKSWAGEN AG: Polo. Ausstattungsvarianten. BlueMotion. Technische Daten. In: VW Das Auto.

(http://www.volkswagen.de/de/models/polo/trimlevel_overview.s9_trimlevel_detail.suffix. html/der_polo_bluemotion~2Fbluemotion.html#/tab=7860f54b77130332cd88762b28e608f 4; 10.02.2011).

8. Bildnachweis

Abbildung 1:

Umweltbundesamt: Klimaänderungen. Treibhauseffekt – Eine globale Herausforderung. In: Umweltbundesamt Für Mensch und Umwelt. (http://www.umweltbundesamt-daten-zur-umwelt.de/umweltdaten/public/document/downloadImage.do;jsessionid=180DA9E8149E8 8D3654EBDC5B607D8E1?ident=15435; 20.01.2011).

Abbildung 2:

Statistisches Bundesamt: Einsatz von Energieträgern zur Stromerzeugung in Deutschland 2007. In: Unabhängige Energieberatung Dr.-Ing. Eugen Reps. (http://energieberatung-reps.de/images/Anteil_Energietraeger_zur_Stromerzeugung_2007.png; 20.01.2011).

Abbildung 3:

Eifler, Wolfgang, Prof. Dr.: Impulsvortrag – Entwicklung der Automobilindustrie: Wachstum, Bedeutung und Konsequenzen von Elektrofahrzeugen. In: smm managementberatung GmbH: eCar. Elektromobilität und Infrastruktur der Stadtwerke. Veranstaltung der smm zukunftswerkstatt energy. Düsseldorf 2009. S.10.